Auguste Laugel

Progrès et découvertes de la météorologie

Science

 Le code de la propriété intellectuelle du 1er juillet 1992 interdit en effet expressément la photocopie à usage collectif sans autorisation des ayants droit. Or, cette pratique s'est généralisée dans les établissements d'enseignement supérieur, provoquant une baisse brutale des achats de livres et de revues, au point que la possibilité même pour les auteurs de créer des œuvres nouvelles et de les faire éditer correctement est aujourd'hui menacée. En application de la loi du 11 mars 1957, il est interdit de reproduire intégralement ou partiellement le présent ouvrage, sur quelque support que ce soit, sans autorisation de l'Éditeur ou du Centre Français d'Exploitation du Droit de Copie , 20, rue Grands Augustins, 75006 Paris.

ISBN : 978-1719181990

10 9 8 7 6 5 4 3 2 1

Auguste Laugel

Progrès et découvertes de la météorologie

Science

Table de Matières

Progrès et découvertes de la météorologie   7

Progrès et découvertes de la météorologie

Il est une science à la portée de tous les esprits, qui, pour être cultivée, même avec succès, ne demande presque aucune préparation, qui fournirait facilement une ressource admirable à ceux qui, peu disposés à s'assujettir à des études préliminaires longues et ardues, se sentiraient néanmoins quelque goût pour l'observation des phénomènes naturels : on pourrait l'appeler plaisamment la science de la pluie et du beau temps, bien qu'elle se décore d'ordinaire du nom assez magnifique de météorologie. Le baromètre, le thermomètre, la girouette, sont les simples instruments qu'elle emploie ; son champ est l'atmosphère terrestre, dont elle s'efforce d'analyser les mouvements réguliers ainsi que les perturbations.

Comme M. Jourdain faisait de la prose sans le savoir, ainsi nombre de gens ont fait et font encore de la météorologie sans en connaître même le nom. On s'est à toute époque occupé de comprendre les signes du temps ; le laboureur les consulte pour ses cultures, l'homme de guerre dans ses expéditions, le marin dans ses voyages. Que d'observations le paysan n'a-t-il pas le loisir de rassembler pendant ces longues journées passées en face de grands horizons ! Son œil contemplatif s'accoutume à lire dans le ciel, à saisir dans les formes et les lignes des nuages, dans les tons de la lumière, dans la transparence variable de l'air, une infinité de nuances qui échappent à celui qui ne vit pas au sein même de la nature. Le paysan n'a pas besoin de girouettes pour savoir d'où vient le vent, d'anémomètres pour en mesurer la force ; le balancement des arbres, le mouvement léger des graminées qui se penchent, la direction des nuées, lui en apprennent assez : il sait d'où vient la pluie, comment se forment les orages, comment s'annonce une belle journée ; son langage est semé d'expressions riches et originales qui peignent toutes les variations, tous les pronostics du temps. Il ne faut pas dédaigner cette science pratique, fruit d'une expérience séculaire, ni ces dictons où elle s'exprime sous forme naïve ; si les explications qu'elle propose sont souvent erronées, les faits qu'elle prend pour base sont toujours certains. La lune rousse, par exemple, ne mérite assurément pas toutes les invectives dont elle est l'objet ; mais il est incontestable que la période de l'année qu'on désigne ainsi est très dangereuse pour les jeunes pousses, souvent gelées et roussies par le refroidissement nocturne, parce qu'elles s'abaissent alors à une température inférieure à celle de l'air. Les paysans attribuent cet effet à la lune, parce que le rayonnement agit avec d'autant plus d'énergie que le ciel est plus serein, et que la lune par conséquent brille avec plus d'éclat. C'est dans les pays de montagnes, où le temps est si incertain et change avec tant de rapidité, qu'on a souvent occasion d'apprécier cette connaissance locale des climats, qui ne fait défaut aux habitants d'aucun pays. Dans les Alpes, on peut toujours se fier presque aveuglément, sous ce rapport, à ces excellents guides dont la prudence et la perspicacité sont vraiment admirables. Qu'un orage, que la pluie vous surprenne et vous emprisonne dans quelque chalet écarté, ne cherchez point à faire prévaloir votre avis contre celui de votre guide ; de temps en temps il ira humer l'air à la porte, regardera les divers coins de l'horizon, et quand il vous donnera le signal du départ, vous pourrez le suivre sans crainte. La façon dont les vapeurs rampent le long des montagnes, la hauteur qu'elles atteignent, le point où elles s'accumulent, tout lui fournit des indications précieuses, rarement mises en défaut.

Les matelots ont une science toute semblable. L'habitude des longs voyages, des climats différents, les familiarise avec une foule de phénomènes météorologiques qu'ils interprètent avec une grande sûreté de jugement. Ils connaissent les caractères d'un temps sûr et d'un vent favorable, savent discerner les pronostics de ces tempêtes redoutables qui, surtout dans certaines mers, font subir aux navires les plus terribles dangers. Les expressions ne manquent pas dans la langue technique des hommes de mer pour peindre tout cet ensemble de signes menaçants qui précèdent une grande convulsion naturelle, l'aspect effrayant du ciel, les nuages accumulés en lourdes et sombres masses, la couleur des flots, les formes particulières des crêtes écumeuses qui tracent comme des éclairs fugitifs sur le fond céruléen des eaux, les dentelures bizarres de l'horizon qui indiquent une mer soulevée et horriblement agitée.

Les paysans et les marins sont donc meilleurs appréciateurs du temps que les citadins, dont l'horizon est pour ainsi dire borné à l'enceinte des villes. Ceux-ci néanmoins portent le même intérêt aux phénomènes de l'atmosphère. Si ce n'est, à la ville comme aux champs, le sujet le plus important des conversations, c'est presque toujours le premier, celui sur lequel on retombe le plus naturellement, la planche de salut que l'on tend aux timides et aux sots. On a toujours parlé du temps, si l'on n'a pas toujours parlé de météorologie, et, bien que le nom ait été inventé de nos jours, je suis tenté de croire que nos aïeux avaient plus que nous souci de ce qu'il représente. En faut-il donner une*preuve ? On voit bâtir aujourd'hui nombre de belles maisons, de châteaux, où l'architecte a oublié la girouette. Jadis, dessinée avec goût, de formes originales, elle ornait toujours les toits des habitations. Il y a quelque chose de poétique dans cet emblème du changement et de la fixité réunis dans un seul objet : n'est-ce pas l'image de notre propre vie, de tant d'efforts, de troubles, de luttes sur un point étroit où l'on naît, et où il faut mourir ? La girouette domine la maison ; elle marque fidèlement toutes les incertitudes, toutes les tempêtes du ciel ; au-dessous s'agitent toutes les passions humaines. Elle grince encore, à demi usée, au-dessus des vieilles demeures désertes, que plus rien n'anime au dedans, et ses brusques mouvements forment un contraste lugubre avec le calme et le silence que la mort et l'oubli ont laissés derrière eux. Qui n'a admiré les magnifiques baromètres et thermomètres du XVIIIe siècle, véritables meubles usuels, construits avec luxe et solidité, larges, grands, faciles à consulter ? Chaque membre de la famille devait évidemment tous les jours en lire les indications. Où sont aujourd'hui les baromètres dans nos maisons élégantes ? On n'en connaît plus guère qu'un seul, celui des fonds publics. Y a-t-il encore, dans notre temps affairé, des hommes qui conservent assez de loisirs pour se livrer à l'étude patiente et régulière de quelques phénomènes naturels, qui, au milieu de tant d'agitations morales, conservent assez de quiétude d'esprit pour s'asservir, sans y être tenus par des fonctions spéciales, à des observations minutieuses, faciles, mais qui réclament une extrême régularité ? Où sont d'ailleurs les hommes assez modestes pour consentir à accumuler durant une longue suite d'années des chiffres ingrats, pour se livrer à des calculs absolument désintéressés, qui ne peuvent rapporter aucun profit, qui ne mènent ni à la fortune, ni à la réputation ? Bien peu en vérité se contenteront d'ajouter un élément unique à une foule d'autres éléments, dans la seule espérance que de ce vaste ensemble surgisse un jour quelque grande théorie. De là même sont nées pour la météorologie des conditions nouvelles qui méritent examen.

Bannie de nos foyers, où nous pourrions si facilement la recevoir, la météorologie s'est vue forcée de s'installer dans des observatoires spéciaux : elle y absorbe d'une manière fâcheuse un temps qui pourrait être plus utilement consacré à l'observation des phénomènes célestes. Tandis qu'associée aux travaux et aux occupations ordinaires, surtout parmi ceux qui habitent la campagne, elle pourrait remplir agréablement des heures trop souvent inoccupées, elle n'est plus qu'une fatigue et un objet de dégoût pour ceux qui dans les grands observatoires ou dans des stations spéciales en sont devenus les victimes. En prenant le rang de science officielle, elle a dû former ses cadres ; elle a enrégimenté et assujetti des intelligences d'un ordre souvent supérieur à des soins qu'elles doivent trouver fastidieux, en comparaison des objets plus élevés qu'elles se sentent capables d'atteindre. Ce mariage un peu forcé qui s'est opéré par le hasard des circonstances entre l'astronomie et la météorologie a sans doute quelques avantages réels, mais ce n'est pas toujours la science qui en tire profit. Que d'illusions ne crée pas dans la masse du public le mot d'observatoire ! Tout d'abord il éveille le respect, l'admiration instinctive pour les plus hautes études, les spéculations les plus transcendantes. Tout le monde ne fait pas très nettement la distinction entre un observatoire astronomique et un observatoire météorologique, surtout depuis qu'un très grand nombre d'établissements ont à la fois ce double caractère. Les météorologistes recueillent ainsi une part de la considération qui de tout temps et à fort bon droit s'est attachée aux astronomes de profession, et ils acquièrent quelquefois, à bien bon marché, la réputation de vrais savants. Ceux qui sont placés à la tête des observatoires astronomiques peuvent de leur côté, quand l'esprit de recherche scientifique s'y éteint et que les découvertes y font défaut, être tentés de créer des illusions sur la fécondité des établissements qu'ils dirigent, sur le nombre et l'importance des travaux qui s'y poursuivent, en accumulant d'indigestes observations météorologiques dans de majestueux in-quarto qui trouvent une place obligée sur les rayons des bibliothèques savantes. On conçoit ainsi jusqu'à un certain point la défiance avec laquelle des esprits sérieux ont parfois accueilli les prétentions de la météorologie ; ils ont craint sans doute de voir les études importantes sacrifiées à des recherches moins utiles, noyées dans une mer de chiffres stériles ; ils n'ont pas vu sans inquiétude la science nouvelle prendre une place de plus en plus prépondérante ' dans des lieux où elle ne devrait être qu'une humble auxiliaire. Quand la munificence princière ou publique édifie des observatoires astronomiques dans des contrées peu mûres pour un mouvement scientifique sérieux, on peut être certain que la météorologie s'y fera la part du lion, parce qu'elle ne réclame pas de ceux qui la cultivent la forte éducation mathématique, les qualités d'ordre supérieur nécessaires à l'astronome véritable. Que d'exemples de ce genre ne pourrait-on citer, aux États-Unis, en Russie, dans d'autres pays encore !

Toutefois cette réaction contre la météorologie a été poussée jusqu'à l'injustice : on est allé jusqu'à dire qu'elle n'avait aucune utilité, que, privée de méthode, elle n'avait pas même d'objet bien déterminé. Pour montrer l'exagération de ces reproches, il suffit de rappeler quels services a déjà rendus cette branche spéciale de la météorologie qui a la mer pour domaine. Les cartes de Maury, le directeur de l'observatoire national de Washington, sont une œuvre dont les hommes de mer reconnaissent toute l'importance. En contribuant à augmenter la célérité ainsi que la sécurité des voyages, l'officier américain a rendu à l'humanité un de ces bienfaits qui ne peuvent se mesurer, parce que les effets s'en multiplient sans cesse et sortent indéfiniment les uns des autres. Il est bien vrai qu'on peut invoquer les travaux mêmes de Maury pour prouver que la météorologie n'arrive à des résultats appréciables qu'autant qu'elle s'applique à des questions nettement définies et se crée des méthodes propres à faire sortir une théorie du chaos des observations individuelles amassées pendant un grand nombre d'années. Le défaut de méthode et l'incertitude même des problèmes sont, on doit bien le dire, les vices principaux de la science nouvelle. La plupart de ceux qui s'y adonnent ne s'assignent aucun but positif ; sous prétexte que les théories ne doivent se fonder que sur l'observation des faits, ils enregistrent machinalement des nombres qui ne disent rien à l'esprit et qui restent oubliés dans la poussière des bibliothèques, faute d'une méthode propre à extraire des observations ce qu'elles contiennent d'essentiel, à les condenser, à les résumer dans une synthèse graduelle et de plus en plus générale.

La météorologie n'a pas jusqu'ici de véritable doctrine ; aussi, pour en faire connaître l'état actuel, il suffit presque d'énoncer les objets divers qu'elle poursuit, car ses efforts n'ont encore été sur aucun point couronnés d'un complet succès. Le but immédiat de l'observateur est la connaissance du temps ; mais qu'est-ce que le temps ? Nous en parlons tous les jours, sans analyser les éléments complexes qui entrent dans ce simple mot. Bien portants ou malades, nous ressentons tous plus ou moins vivement les effets de cet ensemble atmosphérique qui se modifie à toute heure autour de nous : un air plus ou moins chargé, la chaleur et le froid, l'humidité ou la sécheresse, l'état électrique, toutes ces circonstances agissent sur notre santé, notre humeur, sur le développement de la nature animale et végétale. Un changement d'une fraction de degré dans la température moyenne de la surface terrestre serait un arrêt de mort pour des milliers d'êtres animés, et le malade est obligé d'aller de climats en climats chercher un air qui puisse soulager ses souffrances.

A l'aide de quels instruments pouvons-nous scruter toutes les particularités du temps ? Il en faut bien peu : il suffit de mesurer le poids et la température de l'air, l'humidité qui s'y trouve, la direction et la force des vents, la quantité d'humidité qui se condense sous forme de pluie. L'instrument qui nous apprend quelle est la pression de l'air est, chacun le sait, le baromètre. C'est une balance d'une extrême délicatesse, où une colonne de mercure fait équilibre à la colonne aérienne qui se trouve au-dessus de nos têtes et comprime notre corps : elle nous révèle toutes les fluctuations de cette grande mer aérienne au sein de laquelle nous vivons. Les hommes peuvent exister sous des pressions atmosphériques très différentes ; ceux qui sont sur le bord des mers reçoivent tout le poids de l'atmosphère, ceux qui habitent les montagnes portent en moins le poids d'une colonne d'air égale en hauteur à l'élévation du point où ils se trouvent au-dessus du niveau général de l'Océan. L'organisation humaine paraît se prêter, sous ce rapport, à des circonstances notablement différentes : ainsi la ville de Mexico a 2, 277 mètres d'altitude ; Quito, dans l'Amérique du Sud, est à 2, 908 mètres au-dessus du niveau de la mer ; Puno, sur les bords du lac de Titicaca, n'a pas moins de 3, 912 mètres d'altitude : c'est à peu près l'élévation de l'Aiguille-du-Midi (3, 986 mètres) en Savoie. L'homme peut donc vivre dans des régions où le voyageur ressent d'ordinaire ce qu'on nomme le mal des montagnes : c'est une souffrance très vive, qui tient à la raréfaction de l'air, à l'abaissement de la température, et que M. Gay-Lussac éprouva dans sa fameuse ascension en ballon.

Il y a dans chaque point de la terre une pression barométrique normale qui dépend de l'altitude au-dessus du niveau général des eaux ; mais cette pression est soumise dans tous les lieux à de légères variations, parce que la mer atmosphérique qui passe au-dessus de nos têtes a ses flux et ses marées, et ne conserve pas constamment, à cause de sa nature aérienne et changeante, la même densité. Les hauteurs de la colonne mercurielle dans le tube barométrique se mesurent en millimètres et en dixièmes de millimètres, ainsi que l'on peut s'en assurer dans les tableaux que l'Observatoire a pris l'habitude de publier. L'évaluation de longueurs aussi faibles que des dixièmes de millimètres s'obtient à l'aide d'un petit instrument très ingénieux, nommé *vernier*, qui glisse le long de l'échelle barométrique fixe, et qui doit être adapté à tous les baromètres de précision. Dans les mêmes tableaux, on voit inscrite à côté de la pression barométrique l'observation de la température de l'air. Ces deux éléments doivent toujours être réunis, parce que le météorologiste, chaque fois qu'il fait une observation barométrique, doit la corriger en cherchant quelle modification elle subirait, si la température de l'air était constante et égale à zéro. Si cette hypothèse était réalisée, le mercure subirait, dans la colonne de verre où il monte et descend, un léger mouvement, dont la valeur s'obtient très facilement par un petit calcul. C'est pour faire cette correction qu'on observe toujours la température après avoir fait une observation barométrique, et c'est dans cette vue qu'un thermomètre est souvent fixé sur les baromètres mêmes. Indiquons quelques précautions à prendre pour ceux qui se livrent à ce genre d'observations. Ils doivent toujours avoir soin de placer le baromètre à une place où le soleil ne puisse pas l'échauffer, et éviter pour la même raison de le tenir rapproché du feu. L'instrument doit être maintenu aussi verticalement que possible et être fixé d'une manière bien solide. Le baromètre employé dans là plupart des stations météorologiques porte le nom de baromètre de Fortin : le mercure y est, pour chaque observation, ramené au même niveau dans la cuvette où il reçoit la pression de l'atmosphère. On arrive à ce résultat en tournant une vis qui comprime ou abaisse le fond élastique sur lequel pèse le mercure jusqu'à ce que le niveau du métal touche exactement la pointe effilée d'un petit cône d'ivoire fixe. On est assuré que le contact est rigoureusement obtenu quand ce cône et son image sur le miroir mercuriel ne se touchent que par un seul point. On fait aujourd'hui beaucoup de baromètres métalliques qu'on nomme anéroïdes : ce sont des boîtes cylindriques en métal où l'on fait le vide, et dont le fond cède sous la pression variable de l'atmosphère. Les indications de ces instruments sont très irrégulières et tout à fait insuffisantes pour l'observation scientifique ; ils sont néanmoins très commodes pour des besoins ordinaires, surtout en mer, à cause de la facilité avec laquelle on peut les suspendre, sans crainte qu'ils se brisent, comme les baromètres en verre.

L'observation barométrique se complète encore, dans les tableaux météorologiques, par l'indication de la direction régnante du vent et de l'état général du ciel. Ces éléments sont d'une importance capitale dans l'appréciation exacte du temps et des changements qui s'y préparent. Aidé de ces informations, un observateur judicieux peut jusqu'à un certain point se flatter de prédire le temps : je ne voudrais pas, bien entendu, lui donner le conseil de s'attribuer le rôle d'un Mathieu Laensberg, de faire des prédictions à long terme, et d'annoncer, avec l'imperturbable confiance des almanachs, des événements météorologiques certains. Prédire à l'avance des étés froids, des hivers chauds, des perturbations dans les caractères ordinaires des saisons, c'est spéculer un peu trop largement sur la bonhomie et la crédulité du public. Ce n'est que pour un terme très rapproché qu'on peut arriver à prédire le temps, quand on a par une longue observation acquis la parfaite connaissance d'un climat ; encore ne peut-il être question que de probabilités plus ou moins fortes, et jamais de certitude complète. On croit généralement que le baromètre est l'instrument exclusif d'une semblable recherche, qu'il sert surtout à annoncer le beau ou le mauvais temps : cette doctrine est si bien établie, que les divers attributs du temps sont inscrits le long des divisions de l'échelle barométrique. Torricelli avait déjà observé lui-même que le baromètre baisse à l'approche de la pluie, et monte quand le temps se met au beau ; mais cette règle souffre des exceptions. Il faut bien comprendre que le baromètre n'indique jamais qu'un état actuel de l'air, et ne fournit aucune indication absolue sur les modifications qui peuvent s'y opérer. Le mercure monte aujourd'hui, qui peut affirmer qu'il continuera à monter demain, ou me dire s'il reviendra à son ancien niveau ? Il est heureusement un phénomène météorologique dont les indications sur ce point essentiel complètent de la manière la plus heureuse celles que donne le baromètre, c'est le phénomène du vent. En regardant d'où il souffle, on peut, non point avec certitude, la certitude est exclue des spéculations météorologiques, mais avec un grand degré de confiance, annoncer quel sera le changement le plus prochain dans la direction du vent, et en déduire, connaissant l'état actuel du ciel, les changements qui en résulteront dans le temps. Énoncer une semblable proposition, c'est reconnaître implicitement que les variations de la rose des vents ne sont pas absolument arbitraires et sont soumises à une loi générale.

La découverte de la loi qui règle les vents est la conquête la plus importante que la météorologie ait faite de nos jours. Tout l'honneur en est dû à un savant berlinois, M. Dove, qui depuis de longues années enrichit la science nouvelle par les plus remarquables travaux. C'est dans les ouvrages de cet éminent physicien, dont les études se poursuivent encore aujourd'hui, que la météorologie peut chercher ses meilleurs titres pour prétendre au nom de science, qu'on a quelquefois voulu lui dénier. Expliquons en quoi consiste la loi à laquelle le nom de Dove reste attaché, et qu'on appelle aussi quelquefois la loi de rotation des vents. L'air participe au mouvement de rotation qui emporte la terre autour d'un axe. Nul au pôle, ce mouvement atteint des vitesses de plus en plus fortes jusqu'à l'équateur. Lorsque, par quelque cause particulière, une masse d'air se trouve poussée plus près de l'équateur, elle arrive dans des régions où la vitesse rotative de la terre est supérieure à la sienne ; il en résulte que ce courant polaire avance plus lentement vers l'orient que les points de la surface du globe qui sont au-dessous de lui, et paraît ainsi, pour un observateur placé sur la terre, se mouvoir d'orient en occident. Si j'ai bien expliqué ce phénomène, on comprendra que tous les vents qui viennent du pôle nord et se dirigent vers l'équateur sont, par suite du mouvement même de la planète, déviés de plus en plus vers l'ouest, et tendent ainsi graduellement à se convertir en vents d'est. Ainsi, quand un courant polaire s'établit dans l'atmosphère, on le voit venir d'abord du nord, puis du nord-est, enfin de l'est. En comparant la rose des vents à une horloge, on*peut dire que le vent tourne du nord à l'est dans le même sens que les aiguilles. — Si maintenant, au lieu d'un courant polaire, il s'agit d'un courant équatorial ou parti de l'équateur, il montera d'abord, je suppose, directement vers le nord ; mais, pénétrant dans des latitudes où la vitesse du mouvement de la surface terrestre s'atténue de plus en plus, le courant, qui conserve sa vitesse rotative, ira plus vite vers l'orient que les parties de la terre qu'il dominera. L'air paraîtra donc venir du côté de l'occident, et s'infléchira de plus en plus dans cette direction. Les vents du sud ont donc une tendance naturelle à tourner vers l'ouest, et entre ces deux points cardinaux le vent se meut encore dans le même sens qu'entre le nord et l'est, comme une aiguille d'horloge, pour rester fidèle à ma comparaison.

Tous les courants aériens ont pour origine une différence de température dans les diverses parties de l'atmosphère. Considérons par exemple une île entourée par l'océan : dans la journée, la surface solide de l'île s'échauffe plus vite que le miroir des eaux ; au-dessus du sol, l'air, de plus en plus léger, montera dans les parties hautes de l'atmosphère, et sera remplacé à mesure par de l'air des régions marines environnantes. Cet appel d'air n'est autre chose que ce que l'on nomme la *brise de mer*. La nuit, un phénomène inverse a lieu ; l'île se refroidira plus vite que la mer, et l'air, se mouvant en sens inverse, formera la brise de terre. Agrandissons ces phénomènes : au lieu d'être quotidiens et locaux, qu'ils se produisent sur les grandes masses terrestres du continent asiatique et sur l'Océan-Indien, qui les environne ; les brises de mer et de terre vont devenir ce que les marins nomment les *moussons*, vents qui soufflent une partie de l'année du côté des terres brûlantes de l'intérieur de l'Asie, l'autre partie de l'année en sens opposé. Enfin prenons pour théâtre du phénomène la terre entière, et nous comprendrons pourquoi, la planète étant sans cesse échauffée sous les tropiques et refroidie aux pôles, deux courants atmosphériques fondamentaux et permanents doivent s'établir, l'un poussant l'air refroidi vers l'équateur, l'autre ramenant l'air chaud vers les pôles. Dans la région des tropiques, ces deux courants sont bien distincts et nettement séparés ; ils restent superposés l'un à l'autre sans se mélanger ; le courant inférieur forme ce qu'on nomme les vents alizés, si remarquables par leur constance et si favorables à la navigation. Dans la zone des climats tempérés, le courant équatorial et le courant polaire, ou en d'autres termes le vent chaud et le vent froid, sont au contraire constamment en conflit, et c'est à ce perpétuel combat que tient l'extrême variabilité du temps à nos latitudes.

On a vu comment le vent du sud tend à tourner vers l'ouest, et celui du nord vers l'est ; aussi peut-on dire que dans toutes nos régions européennes, en Angleterre, en France, en Allemagne, il n'y a que deux vents principaux, dont l'un oscille entre le sud et l'ouest et vient le plus généralement du sud-ouest, dont l'autre s'agite entre le nord et l'est et nous arrive de préférence dans la direction du nord-est. Dans les deux autres quadrants de la rose, entre l'ouest et le nord, l'est et le midi, il n'y a, on peut le dire, que des vents de transition, qui marquent le passage d'une des directions principales à l'autre. Lorsque le courant polaire doit succéder au courant équatorial à la surface de nos terres, le vent se porte du sud-ouest à l'ouest, puis passe rapidement du côté du nord. Le courant polaire règne pendant quelque temps, devient de plus en plus oriental ; de l'est, le vent saute vers le midi, et la même série de phénomènes se reproduit ainsi perpétuellement. La comparaison de la rose des vents avec une montre est donc, on le voit, parfaitement exact ; seulement, tandis que dans cette dernière l'aiguille avance avec une vitesse uniforme, dans la rose le mouvement de rotation des vents se fait avec des vitesses très inégales, et les courants séjournent surtout dans les angles opposés du nord-est et du sud-ouest.

Cette prédominance successive des vents détermine complètement les particularités les plus générales de nos climats. Le vent du nord et du nord-ouest vient du pôle ; l'air qu'il amène est froid, par conséquent lourd ; il fait monter le baromètre ; l'air qu'il rencontre est plus chargé de chaleur et d'humidité, puisque le courant polaire succède au courant équatorial : à ce contact, le vent du nord s'échauffe et s'empare de la vapeur d'eau, c'est-à-dire qu'il emporte et dissout les nuages. En hiver, ce vent de bise donnera donc un temps froid et clair ; en été, il éclaircira aussi le ciel et modérera la chaleur. On a remarqué que le vent polaire a en hiver une tendance plus septentrionale, en été plus orientale. Or, dans la partie de l'Europe que nous habitons, plus le vent se rapproche de l'est, plus il nous arrive desséché après avoir balayé les grandes régions continentales du nord de l'Asie, les monts Ourals et la Russie.

Le courant équatorial atteint nos latitudes dans la direction du sud-ouest ; il a passé sur la plaine liquide de l'Océan-Atlantique, et s'y est, grâce à sa température élevée, chargé d'une immense quantité de vapeur d'eau. L'air chaud et humide qu'il nous apporte est léger et fait descendre le baromètre. Quand le courant équatorial pénètre dans un pays refroidi par le courant polaire, la vapeur d'eau qu'il porte se condense, le temps se couvre ; en hiver, la température s'adoucit, il pleut ou neige, suivant le degré de froid qui régnait auparavant ; en été, il pleut, le temps devient d'abord assez doux, parce que les nombreuses couches de nuages qui se forment par la condensation de la vapeur d'eau interceptent les rayons du soleil comme un écran, et que, d'une autre part, la condensation de la vapeur en pluie absorbe une grande quantité de la chaleur de l'air. Si alors le vent du sud-ouest persiste, l'air en prend peu à peu la température, les nuages se dissipent et se résolvent en vapeur d'eau invisible, le ciel devient d'une admirable clarté : bientôt commencent les chaleurs lourdes et accablantes qui préparent les orages.

Tous les autres vents, je l'ai déjà dit, ne sont que des intermédiaires entre ces deux grands courants atmosphériques, polaire et équatorial : aussi partagent-ils en quelque sorte les caractères de ces courants, dont ils marquent la succession. Le vent du nord étant froid, le vent de l'ouest humide, le vent du nord-ouest doit naturellement être à la fois humide et froid. Les vents qui soufflent entre l'est et le sud sont secs et chauds. On a remarqué que le vent d'est, lors même qu'il est très chaud, donne rarement lieu à des orages à cause de sa grande sécheresse. Pour qu'il soit accompagné de ce phénomène météorologique, il faut que plusieurs jours de très forte chaleur aient amené l'évaporation dans l'atmosphère d'une grande quantité d'eau ; dans ce cas, les orages sont marqués par une extrême violence, car ils sévissent sur de vastes plaines continentales qui n'absorbent point l'électricité.

La direction du vent a une influence prépondérante sur les caractères du temps ; mais les effets du même vent différent suivant les conditions particulières de l'atmosphère qu'il traverse. S'il fait chaud, le vent froid occasionne une condensation de vapeur, et la pluie continue jusqu'à ce que l'air soit descendu à la température du vent. Quand cet équilibre est rétabli, le ciel redevient clair. Si pendant l'hiver le temps est doux et si le vent tourne du sud-ouest au nord-ouest, il doit, par des raisons semblables, commencer à neiger, puis le temps se met au beau et au froid. Fait-il au contraire froid quand arrive un vent chaud, ce vent se refroidira en abandonnant sa vapeur sous forme de nuages et de pluie, puis le ciel se découvrira de nouveau. Ces alternances sont très fréquentes à l'époque des équinoxes ; les ondées torrentielles et les échappées de soleil se succèdent alternativement, et ces variations sont alors une conséquence du passage du soleil dans un autre hémisphère et du trouble général qui en résulte dans l'atmosphère.

Pendant que le vent accomplit sa rotation régulière de l'est au sud, du sud à l'ouest, de l'ouest au nord, du nord à l'est, le baromètre en accuse sans cesse toutes les variations. Par le vent du nord-est, la pression barométrique dépasse d'environ 6 millimètres celle qu'on observe par le vent opposé du sud-ouest. Le baromètre nous apprend aussi quand le temps doit s'établir d'une manière stable. Pour le *beau fixe* par exemple, il monte un peu au-dessus de la pression maximum ordinaire ; pour le *mauvais temps fixe*, il descend au-dessous du minimum de pression correspondant au vent équatorial. Quand on met les attributs du temps sur l'échelle barométrique, on inscrit *temps variable* en face de la division qui représente la moyenne barométrique de l'année entière. Dans leur mouvement giratoire, les vents, avons-nous dit, s'arrêtent de préférence dans nos climats à l'angle du nord-est et à celui du sud-ouest. Il faut ajouter que la station du vent se prolonge surtout dans ce dernier angle : c'est de ce côté que le vent souffle pendant une bonne moitié de l'année. On peut facilement en avoir des preuves en examinant par exemple dans quel sens s'inclinent les arbres isolés dans de grandes plaines où rien n'arrête l'effort des courants aériens ; ceux qui font tourner les moulins à vent pour les amener dans la direction où ils peuvent le mieux recevoir l'impulsion de l'atmosphère connaissent bien cette prédominance des vents du sud-ouest. C'est à l'air chaud et humide du courant équatorial que l'Irlande doit cette belle végétation qui l'a fait surnommer la verte Érin. La prédominance des vents du sud-ouest dans toute la partie de l'Océan-Atlantique qui sépare les parages de la Nouvelle-Angleterre de ceux de la Grande-Bretagne explique aussi pourquoi la traversée des navires est plus rapide des États-Unis en Angleterre que dans le sens opposé.

Il faut, dans nos climats, un certain nombre de jours pour que le mercure du baromètre, après s'être élevé au-dessus du point le plus bas, revienne à son point de départ : cette espèce de marée du mercure, image raccourcie d'une grande marée atmosphérique, coïncide avec une rotation complète de la rose des vents. Ainsi se trouvent liés, par une loi générale, les mouvements du baromètre et des courants aériens. Cette belle loi de la rotation des vents, déjà entrevue confusément par bien des observateurs, parmi lesquels nous pourrions nommer Aristote, Pline et Bacon, a été mise par M. Dove Lors de toute contestation ; elle est devenue en quelque sorte le fondement de la météorologie. Dans nos pays, il faut environ de dix à vingt jours au vent pour exécuter sa rotation tout entière. Un pareil phénomène ne peut, on le conçoit aisément, avoir une absolue rigueur : la flèche de la girouette est parfois soumise à des oscillations, et ne tourne pas invariablement du même côté ; mais au milieu de ces variations elle a un mouvement général que la loi de Dove exprime. Les rotations qui se font parfois dans le sens contraire à ce mouvement général, et qu'on pourrait nommer rétrogrades, n'atteignent jamais en ampleur les rotations directes. C'est ainsi qu'en observant la rose des vents pendant cinq années consécutives à Berlin, depuis 1831 jusqu'à 1835, on a trouvé qu'en moyenne, pour douze révolutions directes ou conformes à la loi de Dove, il n'y en avait que trois rétrogrades. La rotation ordinaire ne manqua donc jamais de s'accomplir malgré ces interruptions. On comprendra bien ce phénomène en le comparant à la marche d'un homme qui, pour parcourir une certaine distance, ferait quelques pas en avant, puis un pas en arrière, puis avancerait de nouveau, pour reculer encore d'une quantité moindre. Ces reculs ne l'empêcheraient point, à la longue, d'arriver au terme fixé : il s'agit simplement pour lui de faire plus de pas vers son but qu'en sens contraire. À la réunion de l'association britannique pour l'avancement des sciences qui eut lieu à Glasgow au mois de septembre 1855, en rendant compte des travaux de l'observatoire météorologique de Liverpool, on montra que de 1852 à 1855 il y avait eu en moyenne vingt-cinq révolutions directes des vents dans cette ville sur neuf révolutions rétrogrades : la différence était donc égale à seize, c'est-à-dire que la flèche de la girouette était revenue seize fois à sa place première après s'être tournée vers tous les points de l'horizon. À l'observatoire de Greenwich, des observations faites pendant quatorze années, de 1842 à 1855, montrent qu'en moyenne la girouette revint treize fois par année, après des tours entiers, à la place occupée par elle au 1er janvier. À Bruxelles, ce chiffre s'est élevé à quatorze en moyenne, d'après M. Quételet, depuis 1842 jusqu'à 1846. Ces chiffres sont assez peu différents à Liverpool, à Bruxelles, à Berlin, et je pourrais même ajouter en Russie, car des observations faites à Kharkof par M. Lapshine montrent que l'excès des révolutions directes sur les révolutions rétrogrades s'y est élevé à quinze pendant les années 1845-1849. Ce fait important prouve que le régime des vents, si l'on pouvait employer ce mot, est à peu près le même partout, et que les effets s'en font sentir d'une manière assez uniforme sur des zones terrestres d'une très grande étendue.

Les gens de mer se sont toujours défiés à bon droit des mouvements du vent qui s'opèrent en sens rétrograde ; quand le vent passe de l'ouest à l'est par le sud, on dit qu'il tourne contre le soleil ; quand il passe de l'ouest à l'est par le nord, il suit le soleil. On comprend ainsi aisément ce proverbe des marins anglais :

When the wind veers against the sun
Trust it not, fort back it will run.

La loi de la rotation normale des vents a déjà été reconnue dans toute l'Europe, dans l'Amérique du Nord et dans l'autre hémisphère, sur la côte du Chili et à l'embouchure du Rio de la Plata. On peut dès ce moment admettre qu'elle a un caractère de généralité qui la rend partout applicable, et qu'elle est propre à donner les indications les plus sûres pour la prédiction du temps à des termes rapprochés. Pour l'interpréter d'une manière convenable, il est nécessaire de savoir exactement de quelle façon les instruments météorologiques accusent les divers mouvements du vent. Le baromètre descend à mesure que le vent va de l'est au sud-est et au sud ; il arrive au point le plus bas par le vent de sud-ouest, remonte quand le vent vient de l'ouest, du nord-ouest et du nord, et arrive au point le plus élevé quand le vent se fixe au nord-est. Le thermomètre suit une marche également liée à la direction des courants atmosphériques ; il monte par les vents d'est, du sud-ouest et du sud, reste stationnaire pour celui du sud-ouest, baisse pendant que le vent tourne de l'ouest au nord, remonte quand le vent dépasse le nord-est. Les oscillations ou les marées barométriques et thermiques obéissent donc fidèlement à la loi de succession des vents, et les arrêts, les points les plus élevés et les plus bas de l'échelle que longe le mercure, sont en coïncidence avec les directions les plus remarquables et les plus constantes du courant équatorial et du courant polaire. Quant à la vapeur d'eau constamment répandue en proportion variable dans l'atmosphère, elle suit directement dans son état d'élasticité les variations de la température, et elle exerce une pression d'autant plus forte qu'elle est à une température plus élevée. Il en résulte que la force élastique de la vapeur d'eau disséminée dans l'atmosphère augmente quand le vent passe de l'est au sud, devient stationnaire quand le vent franchit l'intervalle du sud et de l'ouest, diminue quand celui-ci passe de l'ouest au nord, et redevient stationnaire quand le courant polaire a la direction normale du nord-ouest. Les pressions de l'air sec suivent une marche exactement opposée : elles sont en rapport immédiat avec les variations du baromètre ; or le poids de l'atmosphère se compose du poids d'une certaine masse d'air sec augmenté de celui d'une certaine quantité de vapeur d'eau ; les variations qui se produisent dans ce poids, dont le baromètre indique le total, se composent donc de deux éléments distincts qu'il importe de connaître dans l'appréciation exacte du temps.

De cet ensemble d'observations on peut conclure sans difficulté qu'au point de vue de la prédiction du temps les indications du baromètre ont besoin d'être interprétées d'une manière judicieuse, et qu'il faut tenir compte de la rotation des vents et de l'état du ciel. Les échelles fixes qu'on attache aux baromètres, et sur lesquelles on écrit le temps en face des diverses hauteurs que le mercure atteint, peuvent être souvent trompeuses ; entre autres défauts, elles ont l'inconvénient de s'appliquer aussi bien à l'hiver qu'à l'été, quoique les marées atmosphériques et par conséquent les marées barométriques soient bien plus considérables dans la saison froide que dans la saison chaude. L'échelle hivernale devrait occuper un espace au moins deux fois plus grand que l'échelle de l'été. La condensation de la vapeur d'eau et par conséquent la formation de la pluie, de la neige, du grésil, des brouillards, se produisent dans des circonstances barométriques toutes contraires, suivant que le vent souffle du côté de l'ouest et du côté de l'est ; quand il souffle de l'occident, la condensation de la vapeur d'eau coïncide avec l'ascension du baromètre ; quand le vent souffle du côté de l'est, elle coïncide au contraire avec la descente du mercure. C'est surtout parce que le premier de ces deux phénomènes manque rarement de se produire que le baromètre a conservé son crédit. C'est pour la même raison qu'on entend dire : la neige amène de nouveaux froids ; cela est bien vrai quand elle tombe par un vent occidental, mais cesse de l'être quand le vent est oriental, ce qui est à la vérité beaucoup moins fréquent : dans cette dernière circonstance, le temps s'adoucit au contraire après que la neige est tombée.

Les instruments qui nous apprennent de quelle quantité d'humidité l'air est chargé se nomment *hygromètres* ; il y en a de toute sorte : tantôt c'est un cheveu qui, par la contraction ou l'allongement, indique l'état hygrométrique de l'atmosphère, tantôt on reproduit en petit dans des appareils variés le phénomène de la rosée, en obtenant la condensation artificielle de la vapeur d'eau atmosphérique sur une surface qui se refroidit et dont on connaît la température. Le rapport entre la température à laquelle cette rosée se forme et celle de l'air indique immédiatement la proportion de l'humidité qui s'y trouve répandue. Nos sens nous permettent aussi d'apprécier, quoique d'une façon grossière, l'état hygrométrique du ciel ; ainsi, quand l'air est parfaitement sec, les objets nous paraissent plus lointains, les horizons plus profonds, les lumières éloignées semblent des points très faibles. Quand l'atmosphère est tout imprégnée de vapeur d'eau et que la pluie est prochaine, les horizons se rétrécissent, les plans les plus éloignés, au lieu d'être perdus dans une poussière nébuleuse, ont une netteté inaccoutumée, les montagnes lointaines prennent une teinte plus bleue ; la nuit, les lumières s'entourent d'une large auréole et semblent plus colorées. Ce sont là des signes presque infaillibles de pluie ; mais ces nuances qui. tiennent aux distances, aux tons plus ou moins chauds de la lumière, à la netteté ou au vague du lointain, peuvent à peine se décrire en termes appropriés ; l'observation personnelle et l'habitude de la contemplation permettent seules de les bien saisir.

La vapeur d'eau compte pour une proportion extrêmement variable dans le poids total de l'atmosphère qui pèse sur le baromètre, et, sans l'hygromètre, nous ne pourrions mesurer la part exacte qui revient à cet élément. M. Dove a le premier porté une attention sérieuse sur l'importante distinction qu'il y a toujours lieu de faire entre le poids de l'air et celui de l'eau qui s'y trouve évaporée. Dans certaines stations météorologiques qui jouissent d'un climat constamment très sec, l'un de ces éléments se trouve éliminé. Beaucoup d'observatoires météorologiques disséminés dans les grandes plaines de l'empire russe sont dans ce cas, ceux par exemple d'Ekaterinenbourg et de Nertshinsk. Sur ces points, on peut facilement étudier les variations diurnes de la pression barométrique, car, indépendamment des grandes marées qui tiennent à la rotation du vent, on y observe une petite oscillation barométrique journalière, déterminée par les changements de température qui s'opèrent dans l'atmosphère durant un jour et une nuit. Partout où l'air est complètement sec, un abaissement correspond au moment où la température est la plus froide, un relèvement accompagne le moment le plus chaud de la journée. Dans les lieux ordinaires où l'air est humide, la même règle s'applique, pourvu qu'on ait soin de retrancher de la pression barométrique totale la part qui revient au poids de la vapeur d'eau. Outre les variations journalières du baromètre et celles que détermine la rotation des vents, on distingue encore celles qui différencient les diverses saisons de l'année. Dans ces derniers chiffres, la relation de la hauteur du mercure avec la température n'est pas aussi nettement marquée que dans l'intervalle de vingt-quatre heures ; néanmoins l'on peut dire d'une manière générale que le baromètre se tient le plus haut dans les mois les plus froids, et le plus bas dans les mois les plus chauds.

Le baromètre et le thermomètre sont deux instruments météorologiques inséparables. L'observation du thermomètre doit se faire chaque jour à des intervalles bien choisis, et devrait aussi avoir lieu la nuit. Il est souvent inutile de conserver tous les chiffres ainsi relevés quand ils ne doivent servir qu'à calculer la moyenne thermique de l'année entière ou celle des mois et des saisons. M. le professeur Dove a réuni dans de magnifiques cartes publiées sous les auspices de l'Académie des sciences de Berlin les résultats des observations faites dans mille stations environ du globe. Sur ces cartes, les points qui jouissent de la même température moyenne sont réunis entre eux par des lignes qui donnent ainsi aux yeux une représentation graphique de la distribution de la chaleur sur le globe.

On connaît assez bien aujourd'hui tout ce qui se rapporte aux températures moyennes de l'année dans beaucoup de régions terrestres, ainsi qu'aux variations périodiques de la chaleur dans les différentes saisons ; mais on est encore bien loin d'avoir approfondi ce qui touche aux variations irrégulières des phénomènes météorologiques. Il est incontestable pourtant que les climats subissent parfois une sorte de dérangement plus ou moins prolongé, et que les températures s'écartent d'une manière anomale des moyennes ordinaires que l'observation d'un très grand nombre d'années avait fait reconnaître. Ces déviations peuvent embrasser des saisons, sinon des années entières, et se font quelquefois remarquer sur des parties fort étendues de la terre. On a estimé que, pour élucider cette difficile question des perturbations irrégulières du temps, il est nécessaire de prendre des moyennes de température qui embrassent une période moindre qu'un mois, et dans la plupart des observatoires météorologiques on s'assujettit à enregistrer des moyennes qui comprennent cinq jours consécutifs. On arrivera sans doute un jour à de curieux résultats en comparant l'intensité des variations non périodiques dans les diverses parties de la terre ; on reconnaîtra sur la planète des régions à climats plus ou moins stables, et l'on sera peut-être conduit à trouver l'origine de ces perturbations.

Les variations irrégulières du climat présentent un intérêt des plus vifs, parce qu'elles s'accompagnent d'ordinaire de toute une série de phénomènes météorologiques exceptionnels. Sous ce rapport, nous ne pouvons mieux faire que de jeter les yeux sur l'année qui vient de s'écouler, et qui mérite assurément une mention spéciale dans les fastes météorologiques. L'hiver de 1858 à 1859 fut, on peut s'en souvenir, peu rigoureux ; l'été qui le suivit se montra très chaud, et même exceptionnellement sec ; c'est à cette dernière circonstance sans doute qu'il faut attribuer l'apparition inattendue, dans la nuit du 28 au 29 août, d'une aurore boréale dont la splendeur fut admirée, non-seulement à Paris et dans tout le nord de l'Europe, mais jusqu'à Rome, où une semblable apparition est un phénomène très rare. L'aurore fut aperçue aussi à San-Francisco en Californie, au Canada, dans les États-Unis jusqu'à la latitude de Saint-Louis ; dans la partie nord du continent américain, où les aurores boréales sont assez fréquentes, on n'en avait pas vu d'aussi belle depuis vingt ans. L'intensité des forces qui donnent naissance à cette poétique et mystérieuse apparition doit avoir été très puissante, car le ciel s'illumina jusqu'à l'île de Cuba, qui se trouve pourtant placée au-delà du tropique du Cancer.

Une seconde aurore boréale, qui fut comme une terminaison de la première, se montra en quelques endroits le 2 septembre, notamment à la Guadeloupe et à Cuba, où cette nouvelle illumination fut même plus brillante que la première. L'hémisphère opposé à celui que nous habitons paraît avoir ressenti au même moment le contre-coup de ce grand phénomène magnétique. La nuit du 1er septembre, on aperçut une aurore australe dans le Chili, à Concepcion, à Santiago, à Valparaiso. Pendant toute la période de ces apparitions, le magnétisme terrestre paraît avoir été fortement en jeu, et notre planète ressentit ce qu'on peut nommer un véritable orage magnétique. Les délicates aiguilles dont les oscillations trahissent les moindres fluctuations de la force magnétique restèrent dans un état d'agitation continuelle et se trouvèrent comme affolées pendant une grande partie de ce temps. Plusieurs jours déjà avant l'aurore boréale vue à Paris, les mouvements incohérents de la boussole attestaient à l'Observatoire de grandes perturbations ; l'orage devint ensuite assez fort pour mettre obstacle à la transmission des dépêches sur un très grand nombre de lignes télégraphiques ; les fils, qui sont toujours en communication avec la terre, se trouvaient parcourus par des courants venus du sol et tout à fait impossibles à contrôler. Le même fait se reproduisit aux États-Unis. Le 12 octobre, les aiguilles magnétiques ressentirent un nouvel orage à Paris, à Lisbonne, à Rome, à Pétersbourg ; mais l'intensité de cette perturbation ne fut point assez grande pour permettre à l'aurore boréale de se montrer.

Il serait peu philosophique de ne pas chercher quelque connexité entre l'ensemble des phénomènes que je viens de rappeler et les ouragans qui se déchaînèrent pendant le mois d'octobre 1859 sur une partie de l'Europe. La tempête sévit principalement sur les côtes occidentales de notre continent, et notamment sur celles de l'Angleterre. De nombreux naufrages signalèrent la fatale nuit du 26 octobre, entre autres celui du bateau à vapeur le *Royal-Charter*, venant d'Australie avec quatre cents passagers, qui alla se perdre corps et biens non loin de Holyhead sur les rochers de la côte. La tempête n'épargna pas même les navires réfugiés dans les ports : dans celui de Holyhead se trouvait à l'ancre ce gigantesque *steamer*, qui, nommé d'abord le *Leviathan*, s'appelle aujourd'hui le *Great-Eastern*.[1] Durant la nuit du 25 octobre, l'énorme vaisseau courut les plus sérieux dangers. J'ai rarement lu un récit plus dramatique que celui d'un correspondant du *Times* qui se trouvait à bord pendant la tempête. Toute la nuit, il fallut mettre les roues en mouvement pour lutter contre l'effrayante pression qui raidissait les ancres et menaçait sans cesse de les rompre. La jetée qui fermait le port était dominée par un phare ; longtemps elle fut assiégée par les vagues furieuses qui venaient de la haute mer ; elle céda enfin, et en un instant les immenses madriers furent balayés par les vagues. Le phare s'écroula, et la seule lumière qui éclairât cette scène de désolation fut éteinte. La pluie tombait à torrents, le vent soufflait avec une telle violence qu'il était impossible d'entendre les ordres et de se tenir sur le pont du navire ; on voyait passer de temps en temps les silhouettes sombres de quelques bâtiments en détresse que le vent poussait aux rochers de la côte. Le vaisseau géant put néanmoins résistera ce conflit des éléments ; les madriers de la jetée vinrent embarrasser ses roues et son hélice, une des ancres céda, mais au matin le bâtiment était encore à sa place, au milieu d'une mer qui commençait à se calmer et balançait sur ses vagues déjà moins puissantes les nombreux débris dont elle était jonchée.

L'escadre d'évolutions anglaise subit également l'assaut de cette épouvantable tempête, et dans l'histoire des mouvements qu'elle exécuta on a signalé des détails météorologiques d'un très grand intérêt. La flotte avait quitté Queenstown pour faire l'exercice à feu en pleine mer ; dès que la tempête se déclara, l'amiral résolut de faire tête courageusement. Le vent atteignit bientôt une intensité effrayante, puis tout d'un coup il tomba, le ciel se découvrit et le

---

[1] Ce vaisseau-monstre, de 22, 500 tonneaux, la dernière œuvre du célèbre Brunel, paraît voué à toutes les mésaventures. Ses débuts ont été si malheureux qu'en ce moment les compagnies d'assurances demandent une somme six fois plus grande que de coutume aux hardis amateurs qui vont bientôt accompagner le *Leviathan* dans un voyage d'essai à New-York.

soleil brilla quelque temps ; après cette courte éclaircie, le vent vira subitement du sud-est au côté opposé de l'horizon, et l'ouragan un moment interrompu reprit toute sa fureur. Cette série de phénomènes indique que la tempête était du genre de celles que l'on nomme tempêtes tournantes ou cyclones, véritables trombes de vent qui balaient la terre en tournant sur elles-mêmes.

M. Dove, tirant profit de toutes les descriptions connues des tempêtes tournantes, est parvenu à élucider, mieux que personne ne l'avait fait avant lui, les lois qui règlent ces grandes perturbations atmosphériques. Il attribue les tempêtes tournantes au conflit de deux grands courants aériens qui soufflent dans des directions opposées. On ne saurait mieux faire comprendre le mouvement d'une semblable tempête qu'en le comparant à ceux des danseurs qui tournent tout en avançant. On peut observer le même phénomène en petit dans une de ces colonnes de poussière qui l'été balaient souvent les chemins. On les voit tourner légèrement et en même temps progresser, quelquefois vite, quelquefois avec une extrême lenteur. Un intéressant passage des *Observations sur les Tempêtes tournantes*, publiées par ordre de l'amirauté anglaise, donne une idée exacte de ces ouragans.[1] « Un caractère remarquable de ces ouragans est l'accroissement de leur violence dans le voisinage du centre du tourbillon. Ceux qui ont acheté chèrement leur expérience en traversant le centre d'un de ces ouragans parlent du bouleversement de la mer comme de quelque chose d'horrible ; s'élevant en montagnes pyramidales de tous les côtés de l'horizon, elle retombe sur le navire, et déferle sur lui comme sur un rocher. D'un autre côté, il y a des exemples d'un ouragan qui se calme brusquement au centre même du tourbillon, les nuages se dispersent pendant quelques courts moments trompeurs ; mais bientôt, comme s'il acquérait une nouvelle force par un instant de calme, le vent revient en décuplant sa furie. On peut ajouter que peu de navires ont passé par une semblable épreuve sans y laisser leurs mâts ou leur gouvernail, ou même sans éprouver de plus grands malheurs encore, et que par conséquent, quelle que soit la perte de temps, de travail et de chemin que cela doive coûter, tout homme dans son bon sens doit s'éloigner du centre d'un ouragan. »

---

[1] Nous empruntons la traduction de M. Hommey, lieutenant de vaisseau de la marine française.

Tous ceux qui se sont attachés à l'étude de ces dangereuses tempêtes, qui balaient souvent des espaces immenses, ont observé que le mouvement de rotation s'opère toujours dans le même sens à l'intérieur du tourbillon aérien. Dans notre hémisphère, il a lieu en sens contraire à la marche du soleil, c'est-à-dire de droite à gauche, pour un observateur qui serait placé au centre. Dans l'hémisphère boréal, le mouvement se fait de gauche à droite. En parlant de la rotation normale des vents, j'ai fait voir que le vent tourne comme l'aiguille d'une horloge ; dans le tourbillon des tempêtes, il tourne au contraire dans le sens opposé. Cette observation est extrêmement précieuse, car elle permet au navigateur qui croit être entré dans la zone d'une cyclone de gouverner de façon à échapper en ne courant que les moindres dangers. Les tempêtes tournantes ont pour théâtre habituel l'Océan-Atlantique, où elles suivent de préférence la grande courbe tracée par le courant marin nommé *gulf stream*, qui verse les eaux chaudes des tropiques dans les mers du nord ; elles se font sentir aussi sur l'Océan-Indien et dans les mers de la Chine, où on les nomme *typhons*. Les points de départ habituels de ces trombes aériennes sont les mers des Antilles, les parages de Madagascar et ceux des Philippines. Elles sévissent surtout dans chaque hémisphère après le solstice d'été, c'est-à-dire, dans notre hémisphère, du mois de juillet au mois d'octobre, et, dans l'hémisphère opposé, de janvier en avril. Dans l'Océan-Atlantique, elles sont le plus fréquentes pendant les mois d'août et de septembre ; dans l'Océan-Indien, en septembre, octobre et novembre, quand la mousson du sud-ouest est remplacée par celle du nord-est.

Le baromètre annonce toujours les tempêtes tournantes par un abaissement exceptionnel, et les indications qu'il fournit sont particulièrement sûres dans les mers torrides, où les typhons sévissent avec le plus de fureur, parce qu'entre les tropiques il se maintient à des hauteurs tellement constantes qu'une variation importante permet de prédire à coup sûr une catastrophe. La vitesse de translation de ces tempêtes n'est pas très considérable ; le centre du tourbillon ne parcourt que dix ou trente milles à l'heure : aussi, quand il traverse un continent, on peut aisément en suivre la marche et en annoncer l'arrivée par des dépêches télégraphiques. La force de ces ouragans est quelquefois terrible. En 1825, un rapport du général Baudrand constate que le vent enleva à la Guadeloupe trois pièces de 24 ; en 1837, pareille chose se renouvela sur les batteries de l'île danoise Saint-Thomas, l'une des Antilles ; la même tempête fit d'épouvantables brèches au fort construit à l'entrée du port ; une maison entièrement neuve fut arrachée à ses fondations. Sans remonter si loin, la tempête du 2 juin de l'année actuelle 1800 eut des effets semblables à Saint-Malo : la bourse en construction fut entièrement rasée, les charpentes et les murailles furent démolies, et il ne reste aujourd'hui que les fondations.

La question des tempêtes tournantes a été l'objet de remarquables travaux, dus principalement à M. Redfield, de New-York, qui a spécialement étudié la marche des ouragans qui balaient les côtes des États-Unis, et à sir William Reid, ancien gouverneur des îles Bermudes. Toutes leurs observations tendent à confirmer la justesse des inductions de M. Dove. Ils ont montré en outre que les tempêtes prennent naissance d'ordinaire dans la zone tropicale, commencent à se diriger dans la direction du sud-ouest au nord-est sur l'hémisphère boréal ; qu'aussitôt arrivées dans la zone tempérée, elles dévient et marchent du sud-ouest au nord-est en s'infléchissant ainsi presque à angle droit. Dans la zone tropicale, le tourbillon conserve partout le même diamètre ; dans la zone tempérée, il s'élargit de plus en plus à mesure qu'il arrive à des latitudes plus septentrionales. Ainsi les tempêtes de l'Atlantique ont pour point de départ les petites Antilles ; elles longent la ligne qui unit Porto-Rico à Haïti et Cuba, rasent la Floride, suivent les contours des États-Unis, et le tourbillon agrandi, après avoir traversé l'océan, vient épuiser sa fureur sur l'extrémité occidentale de l'Europe. Quelquefois cependant les tempêtes vont des Antilles se jeter droit au fond du golfe du Mexique, remontent l'immense vallée du Mississipi et viennent balayer le Canada et les états de la Nouvelle-Angleterre. La grande tempête de 1830 toucha l'île Saint-Thomas le 12 août, les Bahamas le 14, le 15 et le 16 elle franchit la Géorgie et les Carolines, le 17 la Virginie, le Maryland, New-Jersey et New-York, le 19 elle atteignit Terre-Neuve ; elle mit ainsi sept jours entiers à parcourir l'orbe atlantique. Quand un navire se trouve entraîné dans le tourbillon, il arrive quelquefois qu'il accomplit circulairement un très grand parcours sans beaucoup avancer. Les typhons des mers de la Chine sont remarquables par la lenteur du mouvement de translation. Piddington, qui décrivit il y a déjà longtemps les tempêtes de ces parages, raconte que le brick *Charles Heedle* appareilla de Maurice en février 1835 ; rencontrant un typhon et emporté avec lui, le brick dessina cinq grandes circonférences et parcourut ainsi treize cents milles pour se retrouver, la tempête terminée, à trois cent cinquante-quatre milles seulement du port.

En analysant soigneusement les pressions barométriques sur tous les points du globe où on les a observées, M. Dove s'est trouvé amené à penser qu'il existe, outre les courants réguliers, l'un polaire, l'autre équatorial, un courant élevé qui déverse sur le continent américain et dans la direction de l'ouest à l'est l'air échauffé sur les immenses plateaux de l'Asie et de l'Afrique ; ce courant supérieur rencontre le vent de sud-ouest, qui est le contre-courant ordinaire des vents, alizés, et le force à redescendre. Un tourbillon prend ainsi naissance et se dirige du sud-est au nord-ouest, en avançant au milieu des vents alizés ; arrivé dans la zone tempérée, le tourbillon s'élargit en traversant les masses d'air qui vont du sud-ouest au nord-est. — J'avoue que l'explication des tempêtes de l'Océan-Atlantique présentée par M. Dove laisse bien des doutes dans mon esprit. Je ne vois pas très clairement comment l'hypothèse d'un déversement d'air opéré dans les régions supérieures de l'atmosphère peut s'accorder avec le remarquable abaissement de la pression barométrique qui signale toutes les grandes tempêtes tournantes ; mais l'autorité de M. Dove en météorologie est si considérable que j'ai dû rapporter une explication qui en tout cas peut mettre les savants sur la voie de recherches fécondes.

Les tempêtes tournantes ne s'annoncent pas seulement par l'abaissement du baromètre : d'autres circonstances permettent de les prédire. Dans cette immense trombe cylindrique, l'air monte sans cesse en tournant, et il se forme une condensation de vapeur d'eau dans les régions élevées : c'est pour cela que les marins redoutent avec tant de raison les petits nuages noirs qui apparaissent tout d'un coup au milieu d'un ciel serein. Ces nuages, qu'on nomme *œils de bœuf*, grandissent rapidement et remplissent bientôt tout le ciel : alors la tempête se déclare. Grâce à ces divers pronostics, la marche des ouragans de l'Océan-Atlantique est aujourd'hui assez bien connue pour qu'on puisse en annoncer l'approche d'un port à l'autre sur les côtes des États-Unis. Sur le bord occidental de la région parcourue par ces tempêtes, le vent souffle du nord-est, et du sud-ouest sur le côté opposé de la zone. Le long des côtes de l'Amérique du Nord, le vent des tempêtes est donc ordinairement un vent du nord, ce que Franklin avait déjà remarqué ; quand elles viennent affleurer l'Europe, c'est au contraire un vent du sud-ouest.

Les tempêtes qui prennent naissance dans les limites mêmes de la zone tempérée sont beaucoup moins importantes et beaucoup plus irrégulières que celles qui ont pour berceau les régions tropicales. Elles sont dues apparemment à la rencontre des courants polaire et équatorial, qui, au lieu de se traverser ou de se superposer en couches parallèles, entrent directement en lutte. Lorsque l'une de ces grandes masses d'air refuse en quelque sorte le passage à l'autre, il se produit une grande accumulation d'air, et le baromètre monte très haut. Bien trompé serait alors celui qui, se fiant aux inscriptions de l'échelle barométrique, annoncerait le beau temps fixe : un épouvantable ouragan lui donnerait bientôt un démenti.

La grêle, un des phénomènes météorologiques les plus bizarres, prend d'ordinaire naissance dans des tourbillons ou trombes d'air qui sont des miniatures des grandes tempêtes tournantes. On peut en prévoir l'approche quand on voit se former un nuage en colonne qui touche la terre d'un côté, de l'autre le ciel, avec des contours nettement accusés. Une espèce de bruissement particulier annonce la chute des petits projectiles de glace, qui se forment par le tournoiement rapide d'un grain de neige à l'intérieur d'un nuage où il se trouve sans cesse jeté du côté le plus chaud au côté le plus froid, et s'entoure ainsi chaque fois d'une couche de glace nouvelle.

Par les renseignements qu'elle fournit, la météorologie s'est trouvée en mesure de rendre des services immenses à la marine, et le cercle de ces heureuses applications doit s'étendre chaque jour. Chaque année, le nombre des naufrages, ou du moins la proportion de ces catastrophes au nombre des navires nécessaires au commerce du monde, ira en diminuant, à mesure que l'on connaîtra mieux les règles que la nature s'impose jusque dans ses fureurs les plus sauvages, et que la télégraphie électrique mettra plus de points terrestres en communication, soit sur les continents, soit à travers les mers. La météorologie marine restera sans contredit la branche la plus essentielle et la plus utile de la science nouvelle, dont j'ai présenté les méthodes principales et les résultats les plus saillants.

Les navigateurs de tous les pays civilisés rivalisent aujourd'hui de zèle pour ajouter de nouveaux matériaux à ceux que Maury a coordonnés dans une première synthèse. La météorologie terrestre est soumise aux mêmes lois générales que celle des mers, mais tandis qu'à la surface des océans aucun obstacle n'en dénature les effets, sur la terre ferme au contraire, l'élévation variable du sol, la nature particulière des terrains, les accidents topographiques, les chaînes de montagnes contribuent à compliquer les phénomènes.

A travers cette diversité, on peut encore distinguer toutefois des climats généraux qui embrassent des régions très considérables de la surface terrestre : ces régions se subdivisent elles-mêmes en provinces météorologiques distinctes, souvent renfermées entre des limites fort étroites. Prenons la France pour exemple : elle se divise en deux grandes régions météorologiques, la région septentrionale et la région méditerranéenne. La première n'est que la continuation des îles britanniques, des Pays-Bas, de l'Allemagne du nord, pays à altitudes peu élevées, où les pluies, fréquentes, mais modérées, sont amenées par les vents d'ouest qui soufflent de l'Océan-Atlantique. Dans la zone méditerranéenne, qui forme ce que l'on nomme le midi de la France, les pluies sont apportées par les vents d'est qui balaient la grande mer intérieure qui sépare l'Europe de l'Afrique ; elles sont torrentielles, tombent en quantités très inégales dans les diverses saisons : un été extrêmement sec sépare un automne et un printemps très pluvieux. Si, la part des climats généraux faite, nous examinons en détail les grandes zones dont je viens de parler, nous pourrons y découvrir une foule de petites provinces climatologiques bien définies ; je n'en donnerai qu'un exemple : l'Alsace, abritée contre les vents d'ouest par la chaîne des Vosges, qui longe comme une haute muraille la vallée du Rhin, protégée contre les vents d'est par la Forêt-Noire, qui court parallèlement à la chaîne française, n'est ouverte qu'aux vents du nord et du sud, qui sont les vents du chaud et du froid excessifs : aussi les étés y sont-ils extrêmement chauds, et les verts bouquets du tabac, les hautes tiges du maïs, se rencontrent en abondance sur les riches plaines de cette partie de notre territoire. Les hivers, en revanche, y sont très rigoureux, la neige oppose souvent un obstacle considérable aux trains de chemin de fer qui circulent entre Strasbourg et Bâle ; le Rhin, malgré la violence de son cours, a été quelquefois pris entièrement par les glaces. Des climats provinciaux enfin, on peut descendre aux climats tout à fait locaux. Comme exemple, je citerai Nice, ouverte seulement au vent du sud, Montreux, sur le lac Léman, défendu de tous côtés par des montagnes, et formant comme une oasis méridionale au pied septentrional des Alpes.

Considérée dans les traits les plus généraux, la science nouvelle n'est qu'une branche de la physique générale de notre globe, sur laquelle Alexandre de Humboldt a jeté tant d'éclat par ses longs et remarquables travaux. Des voyages entrepris dans les régions les plus diverses avaient de bonne heure tourné son attention sur les grandes questions de la géographie terrestre. En parcourant l'océan, en traversant les Andes, en visitant les Antilles, l'immense vallée de l'Orénoque, les plateaux élevés de Quito, les steppes désolés de la Russie et de la Sibérie, le savant Allemand étudia toujours avec le plus grand soin toutes les apparitions de la mer et de cet autre océan qu'on nomme l'atmosphère. De toutes les sciences, il n'en est peut-être pas de plus attrayante que la physique terrestre ; outre les résultats scientifiques qu'elle recueille, elle peut fournir à un esprit philosophique les documents les plus précieux pour l'histoire des races humaines. Combien ne voit-on pourtant pas d'hommes, et je parle des plus cultivés, de ceux qui sont doués des plus remarquables qualités de l'esprit, complètement étrangers à tout ce qui concerne cette terre où s'écoule leur existence ! Ils passent sur ce théâtre sans daigner l'apercevoir, ne regardant jamais qu'eux-mêmes, sans connaître les pures et profondes jouissances que procure l'étude de la nature. Il y a, je le sais, des sciences qui, par la difficulté des méthodes, par la complication des objets, demeureront toujours l'occupation exclusive d'un petit nombre d'adeptes. Pour s'élever aux spéculations de la haute analyse mathématique, il faut en quelque sorte une organisation cérébrale toute particulière. Ce ne sont pas seulement les sciences abstraites qui restent hors de la portée du vulgaire : parmi les sciences naturelles, il en est dont les profondeurs échappent forcément à ceux que la vocation ne pousse point à y consacrer leur vie tout entière. La majorité des hommes ne peut aspirer qu'à connaître de ces sciences les résultats les plus larges et les plus philosophiques : de ce nombre sont la chimie, la physique proprement dite, la géologie, l'étude des animaux fossiles, la botanique même. Cependant la géographie physique et générale de notre planète pourrait, ce semble, être étudiée avec fruit par le plus grand nombre : elle ne réclame aucune discipline, aucune préparation scientifique sévère. Est-ce parce qu'elle s'adresserait si bien à la masse du public que cette science n'a pas dans notre pays une seule chaire pour se faire connaître ? Il y a quelques années, une société météorologique s'est établie en France : ses publications méritent les plus grands éloges ; pourtant le cercle de son activité ne paraît pas s'agrandir, et cette utile fondation n'a pas obtenu ce patronage désintéressé des grands noms et de la richesse qui, chez nos voisins d'Angleterre, ne fait jamais défaut aux sociétés savantes et en assure la prospérité matérielle.

L'observation des grands phénomènes physiques de la nature n'a pas seulement de très nombreuses et très utiles applications, elle est encore une source féconde de plaisirs ; elle met celui qui vit toujours dans les mêmes lieux en harmonie avec tout ce qui l'entoure, elle exalte ce sentiment si doux qui fait qu'on reste attaché au pays où l'on a reçu les impressions durables de l'enfance, et qu'on aime toujours, si tristes et si désolés qu'ils soient, les endroits où l'on a longtemps vécu. Le voyageur trouve dans la nature extérieure un sujet perpétuel d'intérêt ; il compare, il étudie les rapports du monde physique avec les caractères des nations, les mœurs et l'histoire. Je ne me dissimule pas qu'en invitant tout le monde à étudier les sciences, on rencontre la double opposition des savants, qui ont pour tout ce qui n'est pas spécialité scientifique une horreur et un mépris sincères, des esprits délicats et amis des lettres, qui paraissent craindre de voir le sentiment de la conscience et de la personnalité humaine s'amortir chez ceux qui s'occuperaient trop d'un monde inanimé réglé par des lois inflexibles et fatales. Il est bien vrai que les âmes blessées par le spectacle des choses humaines pourraient trouver des consolations dans la contemplation d'un monde infini : qui pourra jamais empêcher que la sérénité, l'immutabilité de la nature ne contrastent avec nos agitations et nos incertitudes ? Ce que je ne consentirai jamais à croire, c'est que la connaissance des grandes lois qui président à l'accomplissement des phénomènes célestes ou terrestres puisse abaisser les âmes ou amollir les caractères ; il semble au contraire qu'en ne franchissant jamais les bornes de ce cercle étroit où nos intérêts, nos passions, nous mettent en lutte, l'esprit risque de se flétrir comme une fleur qui manque du grand air, et que, n'apercevant rien de stable dans le courant troublé des événements humains, il perde peu à peu cette confiance virile qui est le secret du courage. L'homme a parfois besoin de reprendre des forces en touchant la terre, comme Antée. Les longs murmures des forêts, accents confus d'une langue surhumaine, les plages où l'on voit éternellement mourir et renaître les flots, la nuit avec ses mondes sans nombre qui nous sourient de loin, toutes ces sensations, tous ces spectacles nous sont bons. Ils agissent sur un sens intime perdu dans les profondeurs mêmes de l'être, sur une poésie native qui sommeille dans tout ce qui est animé. L'étude du monde nous console et nous fortifie, pourvu que nous y cherchions le divin. Les orages du ciel sont moins dangereux que ceux de notre âme, et mieux vaut quelquefois contempler les capricieuses déformations des nuées que les variations des hommes.

ISBN : 978-1719181990

www.ingramcontent.com/pod-product-compliance
Lightning Source LLC
Chambersburg PA
CBHW030044230526
45472CB00005B/1659